变电站（换流站）
标识标准化实用手册

国网内蒙古东部电力有限公司检修分公司　组编

中国电力出版社
CHINA ELECTRIC POWER PRESS

内 容 提 要

　　本书依据《国家电网公司安全设施标准》（Q/GDW 434.1—2010）等规定，结合国网内蒙古东部电力有限公司检修分公司实践，明确了变电站（换流站）标识设置原则、命名规范、制作安装规范及注意事项。

　　本书共 5 章，包括通用部分、一次设备标识、二次设备标识、安全标识、其他标识。全书以图文并茂的形式展示，便于查阅、理解和操作。本书可供从事变电站（换流站）运维工作的技术人员及管理人员参考使用。

图书在版编目（CIP）数据

　　变电站（换流站）标识标准化实用手册/国网内蒙古东部电力有限公司检修分公司组编 . —北京：中国电力出版社，2021. 12
　　ISBN 978 - 7 - 5198 - 6350 - 0

　　Ⅰ. ①变⋯　Ⅱ. ①国⋯　Ⅲ. ①变电所－识别标志－标准化－内蒙古　Ⅳ. ①TM63 - 65

　　中国版本图书馆 CIP 数据核字（2021）第 281304 号

出版发行：中国电力出版社
地　　址：北京市东城区北京站西街 19 号（邮政编码 100005）
网　　址：http：//www. cepp. sgcc. com. cn
责任编辑：赵　杨（010-63412287）
责任校对：黄　蓓　朱丽芳
装帧设计：赵姗姗
责任印制：石　雷

印　　刷：河北鑫彩博图印刷有限公司
版　　次：2021 年 12 月第一版
印　　次：2021 年 12 月北京第一次印刷
开　　本：880 毫米×1230 毫米　32 开本
印　　张：3. 75
字　　数：91 千字
印　　数：0001—2000 册
定　　价：25. 00 元

《变电站（换流站）标识标准化实用手册》
编 委 会

主　　任	陈远东		
副 主 任	李猛克	史文江	郭　凯	魏丽峰
主　　审	孟　辉		
审核人员	张　军	李江涛	李海明	姜广鑫
	张　烈	姜传霏	徐文雅	冯新文
	曹　阳	李　硕	韩晋思	秦若锋
	张俊双	陈师宽	赵　刚	靳海路
	刘天作	李　鹏	吴　蕾	

主　　编	张海龙		
参编人员	杨义勇	阎乃臣	邵文国	赵国太
	汪振宇	梁　伟	张振勇	李延钊
	赵振东	崔士刚	薛　枫	赵占军
	高树永	刘一博	张　超	徐云鹏
	闫　凯	贾鸿益	胡　健	崔堂贵
	乔小冬	尹逊玉	张　越	张彦斌
	陈　晶	梁　建	孟繁兴	包森布尔
	夏永强		

前　言

　　变电站（换流站）标识是安全生产标准化建设的重要组成部分，为统一设备、设施标识，达到变电站（换流站）设施标准化、环境整洁化的标准，国网内蒙古东部电力有限公司检修分公司依托"一标双控"标准化体系，在标识方面进行了积极实践。针对现场标识使用中各单位的理解不同、配置差异较大的问题，国网内蒙古东部电力有限公司检修分公司依据《国家电网公司安全设施标准》（Q/GDW 434.1—2010）等规定，编写了《变电站（换流站）标识标准化实用手册》。在多次调研和讨论的基础上，本书结合现场实际，对配置要求与标准进行了明确，对材质与样式给出了参考，以便相关工作人员在使用中查阅和操作。本书以实用、可移植为目标，重点解决变电站（换流站）标识使用中因人员理解不同等造成的配置差异较大问题，着力解决换流站设备、设施标识牌命名规范与配置原则实例参考较少的实际情况。

　　本书共5章，第1章为通用部分，包括术语和定义、总则；第2章为一次设备标识，包括一次设备标识牌命名规范、一次设备标识牌制作示例；第 3 章为二次设备标识，包括二次屏柜、二次装置等标识牌命名规范、标识牌制作示例；第 4 章为安全标识，包括禁止标识、警告标识、指令标识、提示标识、道路交通标识、消防安全标识、安全警示线、管道标识等；第 5 章为其他标识，包括变电站（换流站）入口标识、建筑物指示标识、功能指引标识、场区标识、办公区标识等。

本书在编写过程中得到了国网河南省电力公司、国网湖北省电力有限公司部分换流站管理人员的大力支持，同时国网内蒙古东部电力有限公司设备部相关领导对本书的编写工作给予了充分肯定并提出了宝贵意见，在此一并表示感谢。

鉴于编者水平和时间有限，本书难免存在疏漏和不足之处，恳请广大读者批评指正。

编　者

2021 年 10 月

目　录

前言

1 通用部分

1.1 术语和定义

1.1.1 安全色

传递安全信息含义的颜色，包括红色、蓝色、黄色、绿色四种颜色。

（1）红色传递禁止、停止、危险或提示消防设备、设施的信息。

标准色：C0 M100 Y100 K0

（2）蓝色传递必须遵守规定的指令性信息。

标准色：C100 M0 Y0 K0

（3）黄色传递注意、警告的信息。

标准色：C0 M0 Y100 K0

（4）绿色传递安全的提示性信息。

标准色：C100 M0 Y100 K0

1.1.2　对比色

使安全色更加醒目的反衬色，包括黑色、白色两种颜色。

（1）黑色用于安全标识的文字、图形符号和警告标识的几何边框。

标准色：C0 M0 Y0 K100

（2）白色作为安全标识红、黄、绿的背景色，也可用于安全标识的文字和图形符号。

标准色：C0 M0 Y0 K0

1.1.3　其他颜色

（1）国网绿色作为非安全标识、设备标识以外的标识主色调。

标准色：C100 M5 Y50 K40

（2）道路蓝。

标准色：C100 M80 Y0 K0

1.1.4　安全标识

安全标识是用以表达特定安全信息的标识，由图形符号、安全色、几何形状（边框）和文字构成。

2

1.1.5 道路交通标识

道路交通标识是用图形符号、颜色和文字向交通参与者传递特定信息、用于管理交通的设施。

1.1.6 消防安全标识

消防安全标识是用以展示与消防有关的安全信息，由安全色、边框、以图像为主要特征的图形符号或文字构成的标识。

1.1.7 设备标识

设备标识是用以指明设备名称、编号等特定信息的标识，由文字和（或）图形构成。

1.2 总则

1.2.1 一般要求

（1）标识牌总体要求为清晰醒目（易于观察）、规范统一、安装可靠、便于维护，适应使用环境要求（保证整体美观性）。

（2）变电站（换流站）入口应设置减速线（或减速装置），变电站（换流站）入口、站内适当位置应设置限高、限速标识。设置的标识应易于观察。

（3）变电站（换流站）设备区与其他功能区应装设区域隔离遮栏。不同电压等级设备区宜装设区域隔离遮栏。生产场所

3

安装的固定遮栏应牢固，出入口及通道遮栏门等活动部分应加锁。

（4）变电设备（设施）本体或附近醒目位置应装设设备（设施）标识牌，涂刷相色标识或装设相位标识牌。

（5）标识牌应定期检查，如发现破损、变形、褪色等，应及时修整或更换。修整或更换时，应有临时的标识替换，以免发生意外伤害。

1.2.2 标识牌的制作安装

（1）除特殊要求外，标识牌宜采用工业级反光材料制作。

（2）涂刷类标识材料应选用耐用、不褪色的涂料或油漆。各类标线应采用道路线漆涂刷。

（3）所有标识牌应保证边缘光滑，无毛刺、无尖角。

（4）低压配电柜（箱）、二次设备屏等有触电危险或易造成短路的作业场所悬挂的标识牌应使用绝缘材料制作。

（5）标识牌应设置在明亮的环境中，高度尽量与人眼的视线高度相一致。标识牌不宜设在可移动的物体上，以免标识牌随物体相应移动，影响认读。标识牌前不得放置妨碍认读的障碍物。

（6）标识牌标高度可视现场情况自行确定，但对于同一变电站（换流站）、同类设备（设施）的标识牌标高度应统一。

（7）标识牌的规格尺寸及安装位置，应以周边物体

（或其他标识牌）作为参照物，达到协调美观的效果。标识牌制作安装参照物选择示例如图 1-2-1 所示。

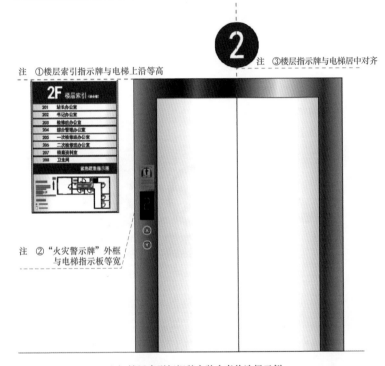

（a）楼层索引标识牌安装参考物选择示例

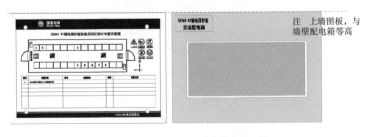

（b）室内上墙图板安装参考物选择示例

图 1-2-1 标识牌制作安装参照物选择示例

（8）标识牌规格、尺寸、安装位置可视现场情况进行调整，但对于同一变电站（换流站）、同类设备（设施）的标识牌规格、尺寸、安装位应统一。

（9）多个标识在一起设置时，应按警告、禁止、指令、提示类型的顺序，以先左后右、先上后下原则排列，且应避免出现相互矛盾、重复的现象。多个标识牌并列布置顺序示例如图1-2-2所示。

图1-2-2　多个标识牌并列布置顺序示例

（10）标识牌的固定方式分附着式、悬挂式和柱式。附着式和悬挂式的固定应稳固不倾斜，柱式的标识牌和支架应连接牢固。

（11）室外附着在建筑物上的标识牌，其中心点距地面的高度不应小于1.3m，室外建筑物附着标识牌安装示例如图1-2-3所示；如无特殊规定或现场无其他限制，安装在网门、支架上的标识牌，其下沿距地面1.5m，支架上标识牌安装示例如图1-2-4所示。

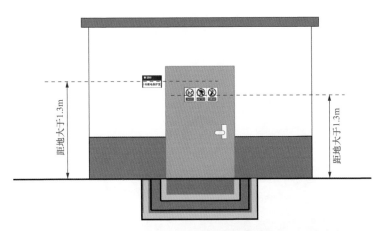

图1-2-3 室外建筑物附着标识牌安装示例

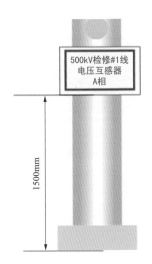

图1-2-4 支架上标识牌安装示例

（12）设置在道路边缘使用标识杆固定的标识牌，其内边缘距路面（或路肩）边缘不应小于0.25m，距路面的高度应

7

为 1.8～2.5m。道路边缘标识牌安装示例如图 1-2-5 所示。

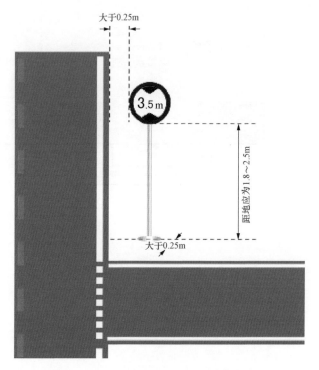

图 1-2-5 道路边缘标识牌安装示例

2 一次设备标识

2.1 一般原则

2.1.1 一次设备标识制作的一般原则

（1）运行的一次设备必须具有标识牌，标识牌宜配置在设备本体或附件醒目位置。

（2）设备标识应定义清晰，具有唯一性。功能完全相同的设备，其命名应统一。

（3）一次设备标识牌宜采用工业级反光材料制作。标识牌基本由底板（铝板）、反光表面组成，部分标识牌还包括安装金具（滑槽、支撑件等）。部分室内标识牌可使用工业贴纸。

（4）一次设备标识牌基本形式为矩形，白色衬底，边框及文字为红色（接地设备标识牌的边框、文字为黑色），采用反光黑体字，字号及间距根据标识牌尺寸、字数适当调整。根据现场安装位置不同，采用横版或竖版。

（5）一次设备为分相布置时应逐相设置标识牌进行标

注，直流设备应标注。一次设备面向巡视道的方向均应进行标注（如安装在固定围栏内的设备，围栏四周均应在相对统一位置装设标识牌等）。

2.1.2　一次设备标识安装的一般原则

设备标识牌规格、尺寸、安装位置可参照本书要求执行，对某些现场不满足要求的，可根据实际情况按其比例适当扩大和缩小，但对于同一变电站、同类设备（设施）的标识牌规格、尺寸及安装位置应统一。

2.2　一次设备标识牌命名规范

2.2.1　命名的一般原则

（1）涉及的数字统一使用阿拉伯数字；电压等级统一使用 kV、V 等符号表示。

（2）设备名称应统一。

1）断路器（开关、空气开关等），统一命名为开关。

2）隔离开关（刀闸、闸刀等），统一命名为刀闸。

3）接地刀闸（接地器、接地开关等），统一命名为接地刀闸。

4）交流配电箱、电源箱、端子箱、机构箱等，统一命名为×××箱；二次屏柜统一命名为×××屏；除前述的箱、屏，其他箱柜统一命名为×××柜。

5）设备名称无特殊含义的统一使用汉字，如不得用 TA 代替电流互感器、不得用 TV 代替电压互感器等。

2.2.2 命名的一般形式

（1）一次设备命名的原则及形式：①间隔名称（位置信息、电压等级等）＋②（调度/工程）编号＋③设备名称（或功能＋设备名称）＋④相别（特殊标注，如符号等）。一次设备标识牌命名及形式示例如图 2-2-1 所示。

（a）"间隔名称+调度编号+
设备名称+相别"组合命名

（b）"位置+调度编号+设备
名称+特殊标注"命名组合

（c）"间隔+工程编号+
设备名称"命名组合

图 2-2-1 一次设备标识牌命名及形式示例

（2）一次设备辅助设备（如主变压器冷却器控制柜）命名的原则及形式：①一次设备完整命名（多设备公用的，可用一次设备区区域信息描述）＋②编号（多用于公共设备且多个的情况，站内自行统一编号）＋辅助设备（设施）功能（如涉及符号应加括号）＋③箱（柜）。辅助设备（设

11

施）标识牌命名及形式示例如图 2-2-2 所示。

| 极2高端8212换流变压器Y/△ A相 |
| 冷却器控制（TEC）柜 |

①一次设备完整命名

②功能+符号③箱（柜）

（a）"一次设备完整命名+功能+符号"命名组合

| 750kV#1 主变压器 A 相 |
| 冷却器控制柜 |

①一次设备完整命名

②功能③箱（柜）

（b）"一次设备完整命名+功能"命名组合

| 5000kV 场区 |
| #1 交流动力箱 |

①设备区域信息

②编号+功能③箱（柜）

（c）"设备区域命名+编号+功能"命名组合

图 2-2-2 辅助设备（设施）标识牌命名及形式示例

2.2.3 标识牌版面布置

（1）总体原则以美观为主，字号及间距根据标识牌尺寸、字数适当调整；鉴于黑体字字形偏宽，建议将"水平比例"调整为 85%～90%。

（2）标识牌内容为多行布置时，每行内容应为一个完整表述；涉及相别的（如 A 相），单独为一行。一次设备标识牌一般为 2～3 行布置。一次设备标识牌版面布置说明示例如图 2-2-3 所示，一次设备标识牌版面布置示例如图 2-2-4 所示。

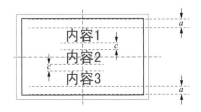

图 2‑2‑3　一次设备标识牌版面布置说明示例

注　1.　首（末）行内容与边框间距 a 应大于各行之间的间距 c；

　　2.　整体内容与标识牌版面在垂直方向、水平方向均"居中"设置；

　　3.　"内容 1"为：间隔名称（位置信息、电压等级等）①；

　　4.　"内容 2"为：（调度/工程）编号②＋设备名称（或功能＋设备名称）③；

　　5.　"内容 3"为：相别（特殊标注，如符号等）④。

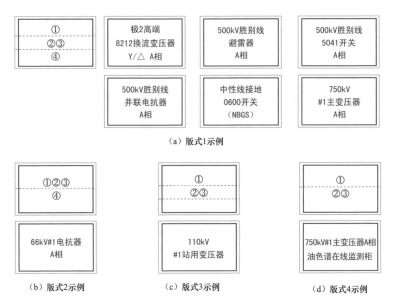

图 2‑2‑4　一次设备标识牌版面布置示例

2.3 一次设备标识牌制作示例

2.3.1 变压器、电抗器标识牌

（1）原则上标识牌安装固定在变压器、高压电抗器器身中部，视现场情况合理确定位置，但应面向主巡视道。安装方式可根据实际情况采用粘贴、绑扎、卡装方式。如器身中部无合适位置固定，可选择在油路管道等处进行绑扎安装，标识牌下沿距地面 1500mm。干式电抗器安装于各相电抗器支柱上，标识牌下沿距地面 1500mm。变压器、电抗器标识牌安装位置示例如图 2-3-1 所示，变压器、电抗器标识牌应用示例如图 2-3-2 所示。

（2）变压器标识牌命名原则：电压等级（极×、高低端）＋调度编号＋功能（主、站用、换流）＋变压器＋相别。变压器类设备常用命名示例如表 2-3-1 所示。

1）鉴于直流换流站变压器类设备较多，建议标识牌命名时注明高压侧电压等级，以示区分。交流变电站主变压器可不注明变压器等级，但存在多种形式的站用变压器，应注明电压等级，以示区分。

2）分相布置的变压器每相的标识牌中应包含相别。

（a）高压电抗器标识牌安装示例

（b）主变压器标识牌安装示例

（c）换流变压器标识牌安装示例

图 2-3-1 变压器、电抗器标识牌安装位置示例

极2高端 8212换流变压器 Y/△ A相	1000kV锡廊1线 电抗器 A相	66kV#1电抗器 A相	110kV #1站用变压器
（a）换流变压器 标识牌示例	（b）高压电抗器 标识牌示例	（c）低压电抗器 标识牌示例	（d）站用变压器 标识牌示例

#1主变压器	#1主变压器 A相	500kV 511变压器 B相	750kV #1主变压器 A相

（e）主变压器标识牌示例

图 2-3-2 变压器、电抗器标识牌应用示例

表 2‑3‑1　变压器类设备常用命名示例

名称	命名原则	标识牌示例	
交流系统主变压器	换流站：电压等级＋调度编号＋变压器＋相别	750kV #1主变压器 A相	500kV 511变压器 B相
	变电站：×号（调度编号）＋主变压器＋相别	#1主变压器 A相	#1主变压器
换流变压器	极×＋高/低端＋调度编号＋换流变压器＋相别	极2高端 8212换流变压器 Y/△ A相	极1 012换流变压器 Y/Y A相
站用变压器	电压等级＋调度编号＋站用变压器	110kV #1站用变压器	极1高端 10kV 112站用变压器 · 35kV #1箱式变压器

16

（3）电抗器标识牌命名原则：电压等级＋调度编号（线路/区域名称）＋电抗器＋相别。如 1000kV 锡廊 1 线电抗器 A 相。

（4）标识牌的基本形式为矩形，制作标准示例如图2-3-3所示，制图参数如表2-3-2所示。

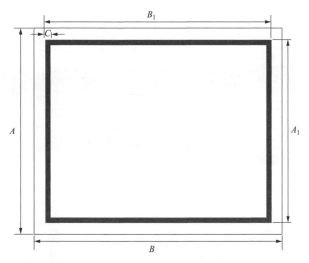

图2-3-3 变压器、电抗器标识牌制作标准示例

表2-3-2 变压器、电抗器标识牌制图参数

种类	参数（mm）				
	B	A	B_1	A_1	C
甲	500	400	460	360	15
乙	400	300	364	264	10
丙	320	220	288	188	10

（5）分相布置的变压器、高压电抗器除本体设置的标识牌外，可在靠近巡视道路入口处的单相变压器（电抗器）附近设置指示牌。变压器、电抗器标识牌应用示例如图 2-3-4 所示。

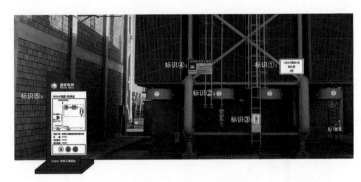

（a）变压器、电抗器标识牌整体示例

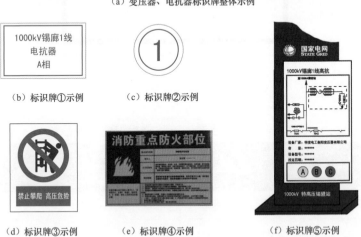

（b）标识牌①示例　　　（c）标识牌②示例

（d）标识牌③示例　　（e）标识牌④示例　　（f）标识牌⑤示例

图 2-3-4　变压器、电抗器标识牌应用示例

2.3.2　穿墙套管标识牌

穿墙套管标识牌安装于穿墙套管室内、外墙壁处，低电压等级交流穿墙套管，安装于 B 相正下方 700mm 处；阀厅穿墙套管安装于套管正下方，距离地面的高度大于 1500mm。穿墙套管标识牌应用示例如图 2-3-5 所示。

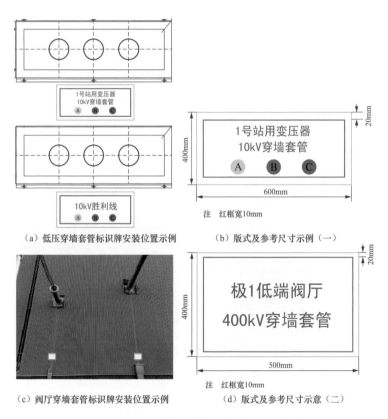

（a）低压穿墙套管标识牌安装位置示例　　　（b）版式及参考尺寸示例（一）

（c）阀厅穿墙套管标识牌安装位置示例　　　（d）版式及参考尺寸示意（二）

图 2-3-5　穿墙套管标识牌应用示例

2.3.3 开关类设备标识牌

（1）开关类设备的标识牌固定于开关类设备操动机构箱（汇控箱）正中央，不遮挡玻璃窗、设备铭牌，面向主巡视道。

（2）电动操作的刀闸/接地刀闸标识牌固定在操动机构箱的正中央，不遮挡玻璃窗、设备铭牌，面向操作人。手动操作的刀闸/接地刀闸标识牌安装在操动机构上方100mm，面向操作人。

（3）分相操作的刀闸/接地刀闸，每相机构箱分别装设标识牌，三相汇控箱亦应装设标识牌。开关类设备标识牌应用示例如图 2-3-6 所示。

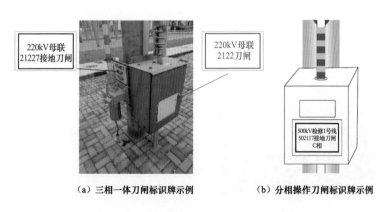

（a）三相一体刀闸标识牌示例　　　（b）分相操作刀闸标识牌示例

图 2-3-6　开关类设备标识牌应用示例（一）

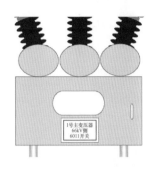

（c）分相操作开关标识牌示例　　　　（d）三相一体开关标识牌示例

图 2-3-6　开关类设备标识牌应用示例（二）

（4）标识牌命名示例。

1）总体原则：间隔/区域［极×、高（低）端；××kV ××线路等］/功能＋调度编号＋设备名称＋相别。其中与配套名称保持一致。

2）一般情况变压器各侧，以电压等级区分，如1号主变压器1000kV侧T011开关、1号主变压器500kV侧5021开关、1号主变压器66kV侧6601开关等。开关类设备常用命名示例如表2-3-3所示。

（5）标识牌基本形式为矩形，参考尺寸为320mm× 220mm（宽度×高度）（表2-3-2中的种类丙）。根据现场实际，可进行等比例缩放。

表 2 - 3 - 3 开关类设备常用命名示例列表

名称/示例	命 名 原 则					标识牌示例
	间隔/区域[极×,高(低)端;××kV××线路]/功能	调度编号	设备名称	相别		

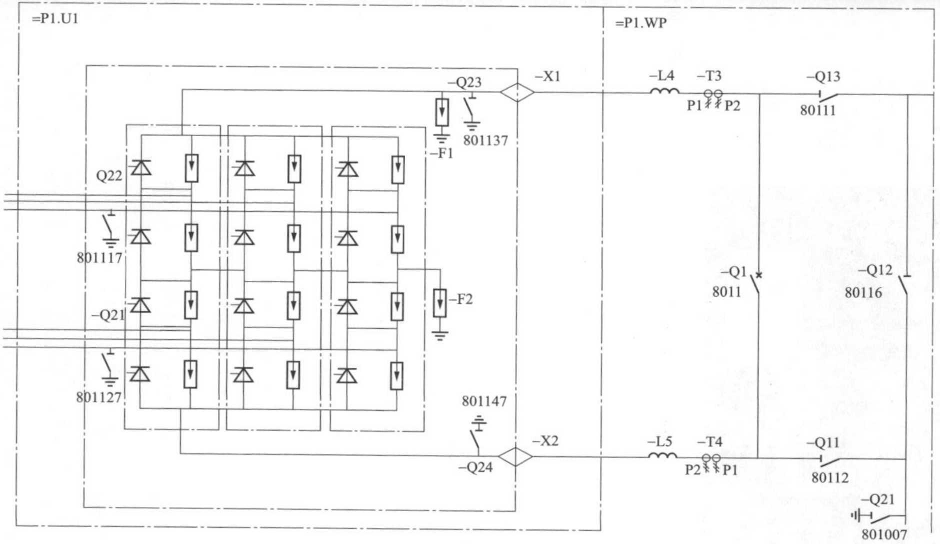

极 1 高端阀厅系统接线图

22

续表

名称/示例	命名原则					标识牌示例
	间隔/区域[极×、高(低)端；×××kV××线路等]/功能	调度编号	设备名称	相别		
801117/801127	极×＋高(低)端＋阀厅＋网侧	调度编号	接地刀闸			极1高端阀厅网侧 801117接地刀闸
801137/801147	极×＋高(低)端＋阀厅＋阀侧	调度编号	接地刀闸			极1高端阀厅阀侧 801137接地刀闸
8011—旁通开关	极×＋高(低)端＋换流器＋旁通	调度编号	开关			极1高端换流器旁通 8011开关
80112/80111	极×＋高(低)端＋换流器＋阴(阳)	调度编号	刀闸			极1高端换流器 阳极80112刀闸

续表

名称/示例	命名原则					标识牌示例
	间隔/区域[极×、高(低)端;××kV××线路等]/功能		调度编号	设备名称	相别	
80116	极×+高(低)端+换流器+旁通		调度编号	刀闸		极1高端换流器旁通 80116刀闸
801007	极×+高(低)端阀组连接线		调度编号	接地刀闸		极1高低端阀组连接线 801007接地刀闸

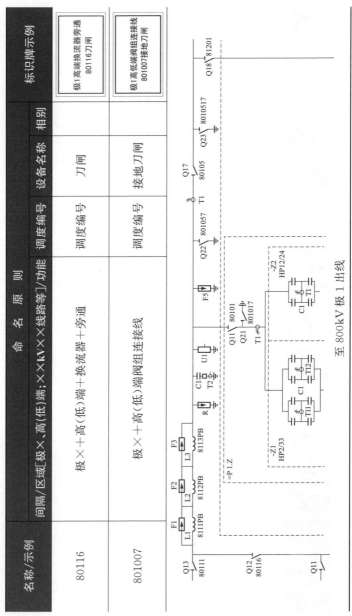

至 800kV 极 1 出线

续表

名称/示例	命 名 原 则					标识牌示例
	间隔/区域[极×、高(低)端；××kV××线路等]/功能	调度编号	设备名称	相别		
80105/801057	极×极母线	调度编号	刀闸/接地刀闸			极1极母线 80105刀闸
8010517	极×线路	调度编号	接地刀闸			极1线路 8010517接地刀闸
81201	极×旁路	调度编号	刀闸			极1旁路 81201刀闸

续表

名称/示例	命名原则				标识牌示例
	间隔/区域[极×、高(低)端；×××kV××线路等]/功能	调度编号	设备名称	相别	

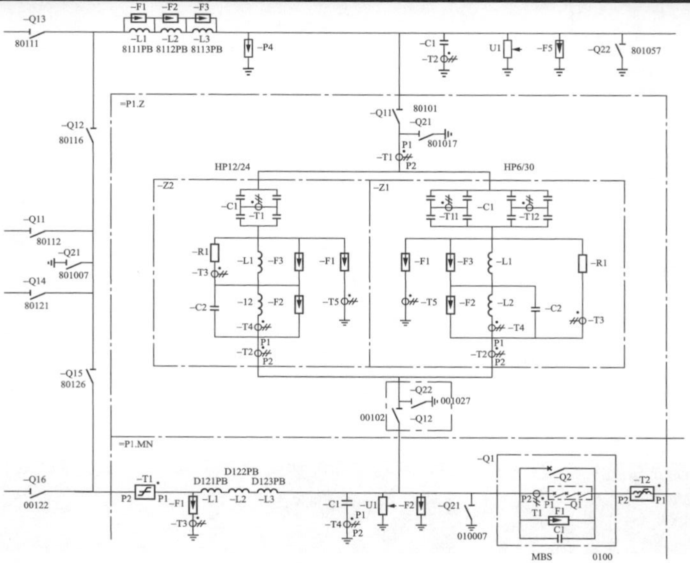

图 1 极 1 直流滤波器系统接线图

续表

名称/示例	命名原则				标识牌示例
	间隔/区域[极×、高(低)端;×××kV××线路等]/功能	调度编号	设备名称	相别	
80101/801017	极× ××××直流滤波器+高压侧	调度编号	刀闸/接地刀闸		极1 8010直流滤波器高压侧 80101接地刀闸
00102/001027	极× ××××直流滤波器+低压侧	调度编号	刀闸/接地刀闸		极1 8010直流滤波器低压侧 00102刀闸
010007	极×+中性线	调度编号	接地刀闸		极1中性线 010007接地刀闸
0100	极×+中性线	调度编号	开关		极1中性线 0100开关 (NBS)Q1
					极1中性线 0100开关 (NBS)Q2

27

续表

名称/示例	命名原则			标识牌示例
	间隔/区域[极×、高(低)端；×××kV×线路等]/功能	调度编号	设备名称	相别

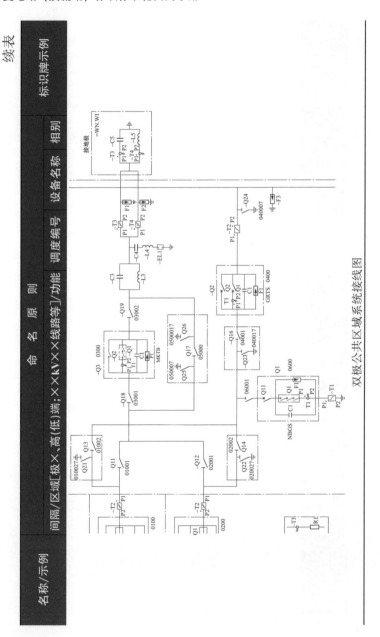

双极公共区域系统接线图

续表

名称/示例	命 名 原 则					标识牌示例
	间隔/区域[极×、高(低)端;××kV××线路等]/功能	调度编号	设备名称	相别		
01001/02001	极×大地回线	调度编号	刀闸			极1大地回线 01001刀闸
01002/02002 010027/020027	极×金属回线	调度编号	刀闸/ 接地刀闸			极2金属回线 020027接地刀闸
06001	中性线接地	调度编号	刀闸			中性线接地 06001刀闸
0300	金属回线转换	调度编号	开关			金属回线转换 0300开关 （MRTB）
03001/03002	金属回线转换	调度编号	刀闸			金属回线转换 03001刀闸

29

续表

名称/示例	命 名 原 则				标识牌示例
	间隔/区域[极×，高(低)端；××kV××线路])/功能	调度编号	设备名称	相别	
05000/050007	接地极	调度编号	刀闸/接地刀闸		接地极 050007接地刀闸
0500017	接地极线路	调度编号	接地刀闸		接地极线路 0500017接地刀闸
0400	大地回线转换	调度编号	开关		大地回线转换 0400开关 （GRTS）
04001/040017	大地回线转换	调度编号	刀闸/接地刀闸		
040007	旁路线	调度编号	接地刀闸		旁路线 040007接地刀闸
0600/06001	中性线接地	调度编号	开关		中性线接地 0600开关 （NBGS）

续表

名称/示例	命 名 原 则				标识牌示例
	间隔/区域[极×、高(低)端;×××kV××线路等]功能	调度编号	设备名称	相别	
中开关 5022 50221/502217 50222/502227	第×串联络	调度编号	开关/刀闸/接地刀闸	×相	500kV V2串联络 5022开关 A相
边开关 5023	间隔名称	调度编号	开关	×相	500kV恩胀2线 5023开关 A相

3/2开关接线方式交流场系统接线图

50211　502117　5021　502127　50212　502167　50221　502217　5022　502227　50222　50231　502317　5023　502327　50232

31

续表

名称/示例	命名原则				标识牌示例
	间隔/区域[极×、高(低)端；×××kV××线路等]/功能	调度编号	设备名称	相别	
50212/502127 50211/502117	间隔名称	调度编号	刀闸/接地刀闸	×相	#1主变压器500kV侧 50211刀闸 A相
50236(1)7	间隔名称	调度编号	接地刀闸	×相	500kV愚胜2线 5023617接地刀闸 B相
母线分段	电压等级+调度编号×、×号母线分段	调度编号	开关/刀闸/接地刀闸	×相	220kV#1、#3母线 分段2213开关
母联 有分段	电压等级+调度编号×、×号母线分段	调度编号	开关/刀闸/接地刀闸	×相	220kV母联 2210开关
母联 无分段	电压等级母联				

2.3.4 避雷器、电压互感器等设备标识牌

（1）避雷器、电压互感器等安装在单支架上的设备，标识牌应标明相别，面向主巡视检查路线。三相共用支架设备，标识牌安装于支架横梁醒目处，面向主巡视检查路线，安装于距地面 1500mm 处。电压互感器标识牌应用示例如图 2-3-7 所示。

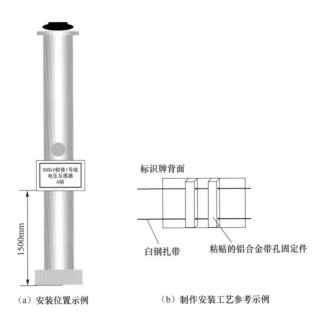

（a）安装位置示例　　　　　（b）制作安装工艺参考示例

图 2-3-7　电压互感器标识牌应用示例

（2）命名的总体原则：间隔/区域［极×、高（低）端；××kV××线路等］/功能＋设备名称＋相别。

33

（3）标识牌基本形式为矩形，参考尺寸为 320mm×220mm，详见表 2-3-2 中的种类丙。根据现场实际，可进行等比例缩放。

2.3.5 围栏设备标识

（1）围栏设备标识安装在围栏门左侧及各侧围栏上（即围栏四周每个方向均设置 1 块标识牌），面向主巡视检查路线，安装于距地面 1500mm 处。

（2）命名的总体原则：电压等级＋调度编号＋设备名称。针对换流站交流滤波器：电压等级＋母线调度编号＋滤波器组＋滤波器调度编号＋交流滤波器＋型号。滤波器、电容器标识牌应用示例如图 2-3-8 所示。

（3）围栏内电阻、电抗、电容、电流互感器等设备标识牌安装于本体醒目处，本体无位置安装时考虑落地固定，标识牌面向围栏正门。命名原则：工程编号（图纸）＋设备名称。围栏内设备标识牌应用示例如图 2-3-9 所示。

<table>
<tr><td>500kV#61滤波器组
5611交流滤波器
（BP11/BP13）</td><td>66kV
#1电容器</td></tr>
</table>

图 2-3-8 滤波器、电容器标识牌应用示例

图 2‑3‑9 围栏内设备标识牌应用示例

（4）标识牌基本形式为矩形，参考尺寸为 320mm×220mm，详见表 2‑3‑2 中的种类丙。根据现场实际，可进行等比例缩放。

（5）对于围栏内由多个设备组成的设备（如交流滤波器组），宜在围栏正门处设置指示牌（建议采取不锈钢烤漆工艺），落地安装，具体样式可根据现场实际进行设计。交流滤波器组标识牌应用示例如图 2‑3‑10 所示。

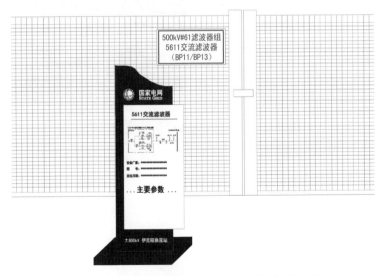

图 2‑3‑10 交流滤波器组标识牌应用示例

2.3.6 阀厅内设备标识牌

（1）在阀厅顶部巡视走廊围栏上固定，正对设备，面向走道，安装于距地面 1500mm 处。标识牌基本形式为矩形，参考尺寸为 320mm×220mm（宽度×高度）。根据现场实际，可进行等比例缩放。

（2）换流阀垂直投影的阀厅内地面，设置阀塔相别标识，面向阀厅正门入口。可涂刷反光漆或使用反光贴。换流阀标识牌应用示例如图 2-3-11 所示。

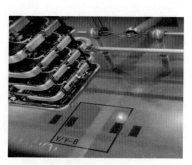

（a）换流阀外部围栏标识牌示例　　　　　　（b）换流阀地面标识牌示例

图 2-3-11　换流阀标识牌应用示例

3 二次设备标识

3.1 一般原则

3.1.1 二次设备标识制作的一般原则

（1）运行的二次设备必须具有标识牌，标识牌宜配置在设备本体醒目位置。

（2）设备标识应定义清晰，具有唯一性。功能完全相同的设备，其命名应统一。

（3）二次设备标识牌基本形式为矩形，采用黑体字，字号及间距根据标识牌尺寸、字数适当调整。

3.1.2 二次设备标识安装的一般原则

设备标识牌规格、尺寸、安装位置可参照本书要求执行，对某些现场不满足要求的，可根据实际情况按其比例适当扩大和缩小，但对于同一变电站、同类设备（设施）的标识牌规格、尺寸及安装位置应统一。

3.2 二次设备标识牌命名规范

3.2.1 二次设备屏柜命名

1）单套二次装置独立组屏的标识名称构成：①一次设备名称＋②二次装置型号＋③功能＋④屏。单套二次设备屏柜标识牌命名示例如图3-2-1所示。单套二次设备屏柜标识牌应用示例如图3-2-2所示。

500kV 胜别线	RCS931	线路保护	屏
①一次设备名称	②二次装置型号	③功能	④屏

注 ②二次装置型号用以区分同一线路（设备）配置两套及以上二次装置，且每套二次装置独立组屏的情况。

图3-2-1 单套二次设备屏柜标识牌命名示例

图3-2-2 单套二次设备屏柜标识牌应用示例

2）多套二次装置位于同一屏柜内的标识名称构成：①一次设备名称＋②功能＋③屏，多套设备位于同一屏柜内的标识牌命名示例如图3-2-3所示。屏内不同装置型号与功能，通过装置标识加以区分及指示。

500kV 胜别线	线路保护	屏
释义　①一次设备名称	②功能	③屏

图 3‑2‑3　多套设备位于同一屏柜内的标识牌命名示例

3.2.2　二次装置命名

单一二次装置标识名称构成：①装置工程编号（图纸）＋②一次设备名称＋③二次装置名称。二次装置标识牌命名示例如图 3‑2‑4 所示。

1‑3n	500kV 胜别线	RCS931 线路保护装置
释义　①工程编号	②一次设备名称	③二次装置名称

图 3‑2‑4　二次装置标识牌命名示例

3.3　二次设备标识牌制作示例

3.3.1　屏眉标识牌

（1）屏眉标识牌安装在屏柜前、后顶部门楣处。

（2）内容：按照上述命名说明执行，统一为××××屏，能够体现出屏柜内装置功能。加白色边框。内容不得超过 1 行。

1）如保护柜内既有保护装置，又有远动、通信设备，则命名以保护设备为主，其他远动、通信设备可在命名上不体现，在屏内设置装置标识牌予以区分指示。

2）独立的通信装置柜命名按照信通公司提供的名称命名，但材质与规格等应按本书统一标准执行。

3）保护、测控一体就地配置的开关柜，命名为"10kV×××线×××开关、保护柜"；独立的开关柜，命名为"10kV×××线×××开关柜"。

4）如同一设备间，多个直流馈线装置等屏柜，屏眉标识以编号进行区分，具体名称构成：①位置信息＋②功能＋③屏＋④编号，如 500kV 1 号继电保护室直流馈线屏 1。屏眉标识牌应用示例如图 3-3-1 所示。

500kV #1 继电保护室	直流馈线	屏	1
释义 ①位置信息	②功能	③屏	④编号

图 3-3-1　屏眉标识牌应用示例

（3）尺寸：长度与屏眉宽度相同；高度参考值为60mm，根据实际确定，同一设备间的屏柜屏眉标识牌高度宜保持一致。白色边框为 1～2mm。

（4）材质：PVC 双色板，衬底为国网绿色，边框及内容为白色。内容为黑体字。

3.3.2 装置提示卡

（1）二次屏柜门左侧粘贴装置提示卡，对运维人员巡视、操作起到指（提）示作用。

（2）内容：主要包括装置说明、巡视说明、操作说明。二次装置提示卡应用示例如图 3-3-2 所示。

（3）尺寸：基本形式为矩形。宽度可根据屏柜门边缘尺寸确定，同一类屏柜尺寸应统一，同一设备间提示卡高度应一致。参考尺寸为 75mm×160mm（宽度×高度）。

（4）材质：白色磁吸板。

3.3.3 屏柜编号标识

（1）安装于屏柜底部，与室内设置的定置图编号一致。屏眉标识牌中不设置编号信息。

（2）内容：按顺序依次进行编号，便于定位。二次屏柜编号标识牌应用示例如图 3-3-3 所示。

（3）尺寸：参考尺寸为 60mm×40mm（宽度×高度），根据实际确定，同一设备间的编号牌规格应一致，红框宽度 1mm。

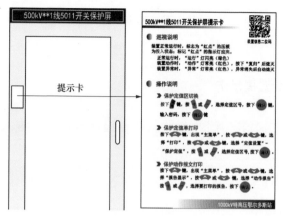

（a）二次装置提示卡安装位置示例

二维码信息主要包括装置定值单、备品备件信息等，具体内容与格式各单位自行确定。

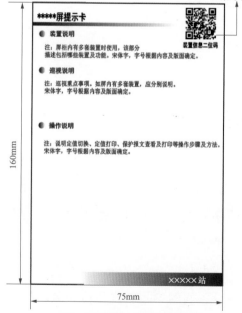

（b）二次装置提示卡规格及样式示例

图 3-3-2 二次装置提示卡应用示例

（4）材质：工业级反光材料，白色衬底，边框及内容为红色。内容为黑体字。

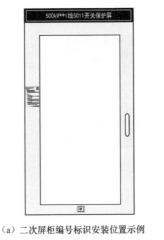
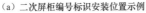

（a）二次屏柜编号标识安装位置示例　　　（b）二次屏柜样式示例

图 3-3-3　二次屏柜编号标识牌应用示例

3.3.4　柜内装置标识

（1）如未设置标识牌粘贴位置，粘贴在装置正下方 10mm 处；屏后粘贴于线槽盒上方。二次装置标识牌应用示例如图 3-3-4 所示。

（2）内容：按上述有关说明执行。排布方式为两行设置，其中工程编号一行，一次设备名称与二次装置名称组合为 1 行。

（3）尺寸：根据安装处实际情况确定（如部分装置设有固定粘贴位置，则按该位置尺寸确定），基本形式为矩形，参考尺寸为 60mm×20mm（宽度×高度）。

（4）材质：标签纸或工业贴纸，黄色衬底，边框及内容为黑色，内容为黑体字。

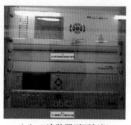

（a）二次装置正面标识　　（b）二次装置背面标识　　（c）二次装置标识牌
　　安装示例　　　　　　　安装示例　　　　　　　样式示例

图 3-3-4　二次装置标识牌应用示例

3.3.5　装置压板标识

（1）如未设置标识牌粘贴位置，粘贴在连片正下方 5mm 处。

（2）装置压板标识牌结构：①功能＋②压板＋③编号（图纸与工程编号）。装置压板标识牌命名示例如图 3-3-5 所示。

（3）根据安装处实际情况确定（如部分装置设有固定粘贴位置，则按该位置尺寸确定），基本形式为矩形，参考尺寸为 30mm×10mm（宽度×高度）。

（4）材质：标签纸或工业贴纸，内容为黑体字。

（5）颜色：出口为白色衬底红色字；功能（遥控等）

为黄色衬底黑色字；备用为黑色衬底白色字。各类装置压板标识牌应用示例如图 3-3-6 所示。

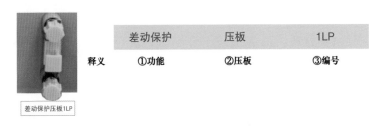

图 3-3-5　装置压板标识牌命名示例

差动保护压板1LP	1号主变压器一次5011开关跳闸出口压板2LP1	1号主变压器一次5011开关遥控出口压板4LP1	备　用
（a）功能压板标识牌示例	（b）出口压板标识牌示例	（c）遥控压板标识牌示例	（d）备用压板标识牌示例

图 3-3-6　各类装置压板标识牌应用示例

3.3.6　空气开关、把手、按钮标识

（1）如未设置标识牌粘贴位置，粘贴在把手（按钮）正下方 5mm 处，空气开关正上（下）方 5mm 处（或根据实际确定，但同一装置位置应统一）。

（2）空气开关、把手、按钮等标识牌结构：①装置名称（同屏内多套装置时适用）＋②功能＋③开关（把手/按钮等）＋④编号（图纸与工程编号）。

（3）尺寸：基本形式为矩形。空气开关标签大小要根据安装处实际情况确定，保证标识牌与空气开关一一对应，不重叠；把手、按钮标识根据安装处实际情况确定（如部分装置设有固定粘贴位置，则按该位置尺寸确定），参考尺寸为45mm×12mm（宽度×高度）。按钮、空气开关、把手标识牌应用示例如图3-3-7所示。

（4）材质：标签纸或工业贴纸，黄色衬底，边框及内容为黑色，内容为黑体字。

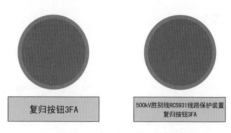

（a）按钮标识牌示例

（b）空气开关标识牌示例

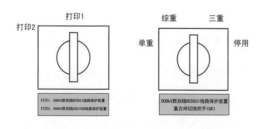

（c）把手标识牌示例1

图3-3-7 按钮、空气开关、把手标识牌应用示例（一）

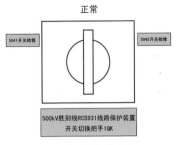

（d）把手标识牌示例2

图3‑3‑7 按钮、空气开关、把手标识牌应用示例（二）

3.3.7 其他提示类标识

（1）分隔线：同一屏柜内存在2套及以上保护装置，不同保护装置间应设置红色分隔线，分隔线宽度为5mm。二次装置其他标识牌应用示例如图3‑3‑8所示。

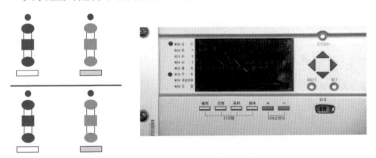

（a）"分隔线"及"常投"　　　　（b）"常亮"指示灯提示标识示例
　　压板提示标识示例

图3‑3‑8 二次装置其他标识牌应用示例

（2）红点指示：常亮的指示灯、经常投入的保护压板、空气开关等设置红色指示标识。直径为3～5mm。

4　安全标识

4.1　一般原则

4.1.1　安全标识的基本要求

（1）安全标识一般使用相应的通用图形标识和文字辅助标识的组合标识。

（2）安全标识所用的颜色、图形符号、几何形状、文字、标识牌的材质、表面质量、衬边及型号选用、设置高度、使用要求应符合《安全标识及其使用导则》（GB 2894—2008）的规定。

4.1.2　安全标识的分类

安全标识分为禁止标识、警告标识、指令标识、提示标识四大基本类型。

（1）禁止标识是禁止或制止人员想要做某种行为的图形标识。

（2）警告标识是提醒人员对周围环境引起注意，以免可能发生危险的图形标识。

（3）指令标识是强制人员必须做出某种动作或采用防范措施的图形标识。

（4）提示标识是向人员提供某种信息（如注明安全设施或场所等）的图形标识。

4.2 禁止标识

4.2.1 一般原则

（1）禁止标识牌的基本形式为长方形衬底牌，版式为竖版。上方是禁止标识（带斜杠的圆边框），下方是文字辅助标识（矩形边框）。

（2）禁止标识牌应采用工业级反光材料，长方形衬底色为白色，带斜杠的圆边框为红色，标识符号为黑色；辅助标识为红底白字、黑体字，字号根据标识牌尺寸、字数调整。

（3）禁止标识牌制图标准如图4-2-1所示，图形上、中、下间隙，左右间隙相等。可根据现场情况采用甲、乙、丙、丁或戊规格，禁止标识牌的参数见表4-2-1。

4.2.2 标识应用

常用禁止标识牌图例及设置范围和地点见表4-2-2。

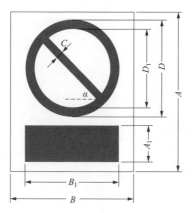

图 4-2-1　禁止标识牌制图标准

表 4-2-1　禁止标识牌参数表（α＝45°）

种类	参数（mm）					
	A	B	B₁（D）	A₁	D₁	C
甲	500	400	305	115	244	24
乙	400	320	244	92	195	19
丙	300	240	183	69	146	14
丁	200	160	122	46	98	10
戊	80	65	50	18	40	4

表 4-2-2　常用禁止标识牌图例及设置范围和地点

标识名称	图形标识示例	设置范围和地点
禁止吸烟		设备区、主控制室、继电保护室、蓄电池室、通信室、自动装置室、配电装置室、电缆室（夹层、竖井）入口及危险品存放处

50

标识名称	图形标识示例	设置范围和地点
禁止烟火		主控制室、继电保护室、蓄电池室、通信室、自动装置室、配电装置室、电缆室（夹层、竖井）入口及危险品存放处
禁止用水灭火		继电保护室、通信室、自动装置室、配电装置室入口
禁止堆放		消防器材存放处、消防通道、逃生通道及站内主通道、安全通道等处
未经许可不得入内		变电站（换流站）、设备区、主控室及设备间（继电保护室、蓄电池室、通信室、自动装置室、配电装置室、消防水泵房、雨淋阀室等）、库房入口

续表

标识名称	图形标识示例	设置范围和地点
禁止攀登 高压危险	 禁止攀爬 高压危险	配电装置构架的爬梯上，变压器、电抗器等设备的爬梯上
禁止使用 无线通信	 禁止使用无线通信	继电保护室、自动装置室、通信室、主控制室以及就地配置保护的开关室（GIS室）入口
禁止穿 化纤服装	 禁止穿化纤服装	设备区入口，电气检修试验、焊接及有易燃易爆物质的场所

4.3 警告标识

4.3.1 一般原则

（1）警告标识牌基本形式为长方形衬底牌，版式为竖版。上方是警告标识，下方是文字辅助标识。

（2）警告标识牌应采用工业级反光材料，长方形衬底色为白色；正三角形及标识符号为黑色，衬色为黄色；矩形补充标识为黑框，辅助标识为白底黑字、黑体字，字号根据标识牌尺寸、字数调整。

（3）警告标识牌制图标准如图4-3-1所示，图形上、中、下间隙，左右间隙相等。可根据现场情况采用甲、乙、丙、丁或戊规格，警告标识牌的参数见表4-3-1。

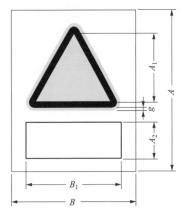

图4-3-1　警告标识牌制图标准

表4-3-1　警告标识牌参数表

种类	参数（mm）（外框半角圆弧半径为 $0.080A_1$）					
	A	B	B_1	A_2	A_1	g
甲	500	400	305	115	213	10
乙	400	320	244	92	170	8

续表

种类	参数（mm）（外框半角圆弧半径为 0.080A_1）					
	A	B	B_1	A_2	A_1	g
丙	300	240	183	69	128	6
丁	200	160	122	46	85	4
戊	80	65	50	18	35	1.6

4.3.2 标识应用

常用警告标识牌图例及设置范围和地点见表 4 - 3 - 2。

表 4 - 3 - 2　常用警告标识牌图例及设置范围和地点

标识名称	图形标识示例	设置范围和地点
注意通风	注意通风	SF$_6$装置室、蓄电池室、电缆室（夹层、竖井）入口
当心中毒	当心中毒	在装有 SF$_6$断路器的配电装置室、气体绝缘金属封闭开关设备（gas insulated switchgear，GIS）入口，储存、使用剧毒品及有毒物质的场所

标识名称	图形标识示例	设置范围和地点
当心触电		变电站（换流站）入口、设备区入口、检修电源（场区动力）门内侧、电子围栏上
止步 高压危险		带电设备固定遮栏上、设备区与其他功能区之间装设的隔离遮栏上
当心坠落		易发生坠落的地点，如脚手架、高处平台、地面的深沟（池、槽）等处

4.4 指令标识

4.4.1 一般原则

（1）指令标识牌基本形式为长方形衬底牌，版式为竖版。上方是警告标识，下方是文字辅助标识。

（2）指令标识牌应采用工业级反光材料，长方形衬底色为白色；圆形衬底为蓝色，标识符号为白色；矩形补充标识为黑框，辅助标识为白底黑字、黑体字，字号根据标识牌尺寸、字数调整。

（3）指令标识牌制图标准如图4－4－1所示，图形上、中、下间隙，左右间隙相等。可根据现场情况采用甲、乙、丙、丁或戊规格，指令标识牌的参数见表4－4－1。

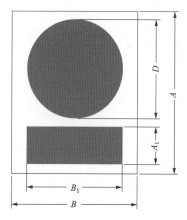

图4－4－1　指令标识牌制图标准

表4－4－1　指令标识牌参数表

种类	参数（mm）			
	A	B	D（B_1）	A_1
甲	500	400	305	115
乙	400	320	244	92

种类	参数（mm）			
	A	B	D（B_1）	A_1
丙	300	240	183	69
丁	200	160	122	46
戊	80	65	50	18

4.4.2 标识应用

常用指令标识牌图例及设置范围和地点见表4-4-2。

表4-4-2 常用指令标识牌图例及设置范围和地点

标识名称	图形标识示例	设置范围和地点
必须戴安全帽	必须戴安全帽	设备区、设备间（继电保护室、蓄电池室、通信室、自动装置室、配电装置室、消防水泵房、雨淋阀室等）入口
随手关门	随手关门	主控室、继电保护室、蓄电池室、通信室、自动装置室、配电装置室、消防水泵房、雨淋阀室等设备间入口

57

4.5 提示标识

4.5.1 一般原则

（1）提示标识牌的基本形式为正方形衬底牌和相应文字，四周间隙相等。

（2）提示标识牌应采用工业级反光材料，正方形衬底色为绿色；标识符号为白色，文字为黑色（白色）黑体字，字号根据标识牌尺寸、字数调整。

（3）提示标识牌制图标准如图 4-5-1 所示，图形上、中、下间隙，左右间隙相等。可根据现场情况采用甲、乙、丙、丁或戊规格，提示标识牌的参数见表 4-5-1。

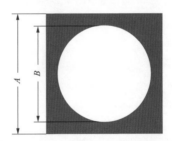

图 4-5-1 提示标识牌制图标准

表 4-5-1 提示标识牌参数表

种类	参数（mm）	
	D	D_1
甲	250	200
乙	80	65

4.5.2 标识应用

常用提示标识牌图例及设置范围和地点见表 4-5-2。

表 4-5-2 常用提示标识牌图例及设置范围和地点

标识名称	图形标识示例	设置范围和地点
从此上下	从此上下	工作人员可以上下的铁（构）架、爬梯上
在此工作	在此工作	工作地点或检修设备上
从此进出	从此进出	工作地点遮栏的出入口处

续表

标识名称	图形标识示例	设置范围和地点
紧急洗眼水		悬挂在从事酸、碱工作的蓄电池室、化验室等洗眼水喷头旁

4.6 道路交通标识

4.6.1 一般原则

（1）变电站（换流站）入口应设置减速线（装置），变电站（换流站）内适当位置设置限高、限速标识。变电站（换流站）内路面应标注通道边缘警戒线。

（2）各类标线应采用道路线漆涂刷。道路交通标线的涂料，应符合下列要求：

1）应具有抗滑性能，不宜低于所在道路路面的抗滑要求，应不小于45BPN。

2）应具有耐磨性能，保证正常的使用寿命。

3）应具有可视性，采用反光标线；白色反光标线的亮度因数应不小于0.35，黄色反光标线的亮度因数应不小于 0.27。

4）标线的厚度根据种类、设置位置及施工工艺，应符合表 4-6-1 标线的厚度要求。

表 4-6-1 标线的厚度参数表　　　mm

标线种类		厚　度	备　注
溶剂型		0.3～0.8	湿膜
热熔型	普通型	0.7～2.5	干膜
	突起型	3.0～7.0	干膜（若有基线，基线厚度为 1～2）
双组分		0.4～2.5	干膜
水性		0.3～0.8	湿膜
树脂防滑型		4.0～5.0	骨材粒径 2.0～3.3
预成型标线带标线		0.3～2.5	干膜

（3）道路标识牌由底板、反光表面、滑槽、支撑件紧固件组成。各组成部件应牢固、防腐、耐用。紧固件应通用。

1）标识底板的厚度应符合强度要求，其最小厚度应符合表 4-6-2 标识底板最小厚度的要求。

表 4-6-2 标识底板最小厚度参数表　　　mm

铝合金板	合成树脂板
1.5	3.0

2）标识基础应采用强度等级不小于 C25 的混凝土。

3）标识表面宜使用透光型反光材料，符合现行国家标准《道路交通反光膜》（GB/T 18833—2012）。

（4）安装在同一支撑结构上的标识不应超过 4 个，并按禁令、指示、警告的顺序，先上后下、先左后右排列。

4.6.2 停车位标线

（1）机动车停车位标线可布置为平行式、倾斜式、垂直式；可根据需要在停车位标线内布置附加箭头，箭头朝向应为车头方向。停车位标线类型示例如图 4-6-1 所示。

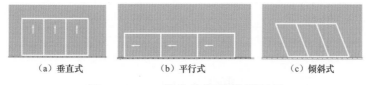

（a）垂直式　　　　　　（b）平行式　　　　　　（c）倾斜式

图 4-6-1　停车位标线类型示例

（2）机动车、非机动车的停车位标线颜色应采用白色。

（3）专属机动车（如消防车）的停车位标线颜色应采用黄色，并在停车位内标注对应的专属车辆的文字。

（4）机动车停车位标线宽度宜为 6~10cm。大中型车辆宜采用长 15.6m、宽 3.25m 的车位尺寸；小型车辆宜采用长 6m、宽 2.5m 的车位尺寸，极限宽度不应小于 2m。停电位标线参数示例如图 4-6-2 所示。

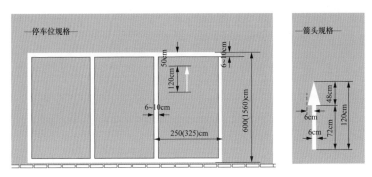

图 4-6-2　停车位标线参数示例

4.6.3　减速线

变电站入口应设置减速线，亦可使用减速带代替。减速线设置示例如图 4-6-3 所示。

图 4-6-3　减速线设置示例

4.6.4　路边线、中心线、方向标线

（1）除加宽情况外，一条机动车道宽度不得大于 3.75m。不具有双车道的（道路宽度小于 5m）不设置中心

63

线，但应设置路边线。路边线为白色实线，线宽 15cm。道路标线设置示例如图 4-6-4 所示。

（2）连续设置的实线标线，应每隔 15m 设置排水缝，宽度为 3～5cm。

（3）鉴于站内实际情况，设置可跨越对向车行道分界线（单黄虚线）作为道路中心线，线段长度为 4m，间隔长度为 6m，一般线宽为 15cm。

（4）主路上岔路口之间距离小于 100m 时，两岔路口间的路边线采取白色虚线连续设置，白色虚线宽 15cm、长 200cm，间隔宽度 400cm。

（5）非主干道的道路，其路边线宽度可设置为 10cm。

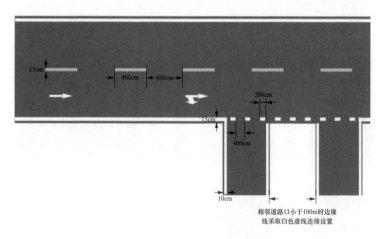

图 4-6-4 道路标线设置示例

（6）道路方向标线：双车道及消防车路线（即使是单

车道），应在邻近道路岔路口处或直线道路每隔 20～50m 设置一处道路方向标线，具体设置以实际道路为准。道路方向标线规格尺寸示例如图 4-6-5 所示。

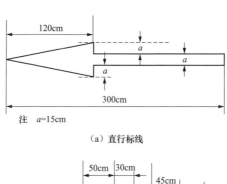

注 a=15cm

（a）直行标线

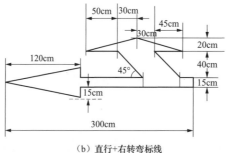

（b）直行+右转弯标线

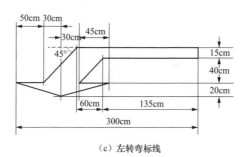

（c）左转弯标线

图 4-6-5 道路方向标线规格尺寸示例

4.6.5　限速标识

（1）变电站（换流站）入口、站内主干道及转角处等需要限制车速的路段起点应设置限速标识牌。

（2）限速标识牌的基本形状为圆形，白底、红圈、黑图案。限速标识牌示例如图 4-6-6 所示，图示为限制车速为 5km/h。

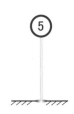

图 4-6-6　限速标识牌示例

（3）限速（高）标识牌制图标准如图 4-6-7 所示。可根据现场情况采用甲或乙规格，限速（高）标识牌的参数见表 4-6-3。

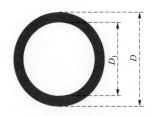

图 4-6-7　限速（高）标识牌制图标准

表 4-6-3　限速（高）标识牌参数表

种类	参数（mm）	
	D	D_1
甲	600	480
乙	500	400

4.6.6　限高标识

（1）变电入口处、不同电压等级设备入口处等最大允许高度受限制的地方应设置限制高度标识牌（装置）。

（2）限高标识牌的基本形状为圆形，白底、红圈、黑图案。限高标识牌示例如图 4-6-8 所示，图示为装载高度超过 3.5m 的车辆禁止进入。

（3）制图标准见图 4-6-7 限速（高）标识牌制图标准。可根据现场情况采用甲或乙规格，参数详见表 4-6-3 限速（高）标识牌的参数。

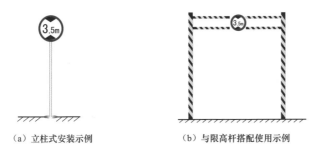

（a）立柱式安装示例　　　　（b）与限高杆搭配使用示例

图 4-6-8　限高标识牌示例

4.7 消防安全标识

4.7.1 一般原则

（1）消防安全标识须标明下列内容的位置和性质：

1）火灾报警和手动控制装置。

2）火灾时疏散途径。

3）灭火设备。

4）具有火灾、爆炸危险的地方或物质。

（2）消防安全标识按照主题内容与适用范围，分为火灾报警及灭火设备标识、火灾疏散途径标识和方向辅助标识，其设置场所、原则、要求和方法等应符合《消防安全标识》《消防安全标识设置要求》（GB 15630—1995）的规定。

4.7.2 方向辅助标识

（1）方向辅助标识牌基本形式是正方形衬底牌（绿色或红色）和导向箭头（白色）图形，尺寸一般为250mm 或根据现场实际选择，箭头方向按现场实际情况确定。方向辅助标识牌图例及设置范围和地点见表 4-7-1。

（2）衬底为绿色时，指示到紧急出口（疏散通道）的方向；衬底为红色时，指示灭火设备或报警装置的方向。

表 4‑7‑1　方向辅助标识牌图例及设置范围和地点

标识名称	图形标识示例	设置范围和地点	备注
灭火设备或报警装置方向指示		—	使用在组合标识
紧急出口（疏散通道）方向指示		独立时，可用于电缆隧道指向最近的出口处	使用在组合标识

4.7.3　组合标识

（1）组合标识牌基本形式为长方形衬底牌，由图形标识、方向辅助标识和文字辅助标识的组合。

（2）衬底为绿色时，指示到紧急出口（疏散通道）的方向；衬底为红色时，指示灭火设备或报警装置的方向。

（3）消防安全组合标识牌制图标准如图 4‑7‑1 所示。

69

可根据现场情况采用甲或乙规格，或进行等比例缩放，组合标识牌的参数见表 4-7-2。

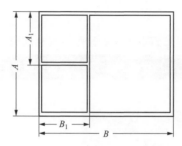

图 4-7-1　消防安全组合标识牌制图标准

表 4-7-2　组合标识牌参数表

种类	参数（mm）		
	B	A	A_1（B_1）
甲	500	400	200
乙	350	300	140

（4）消防安全组合标识牌图例及设置范围和地点见表 4-7-3。

表 4-7-3　消防安全组合标识牌图例及设置范围和地点

标识名称	图形标识示例	设置范围和地点
地上消火栓	地上消火栓　编号：***	固定在距离消火栓 1m 的范围内、不影响消火栓使用的位置，且面向主道路。 注　应统一编号，尺寸参照表 4-7-2 执行

续表

标识名称	图形标识示例	设置范围和地点
地下消火栓		固定在距离消火栓 1m 的范围内、不影响消火栓使用的位置,且面向主道路。 注　应统一编号,尺寸参照表 4-7-2 执行
灭火器		设置在灭火器、灭火器箱的上方或存放灭火器(箱)的通道上。 注　应统一编号,尺寸参照表 4-7-2 执行
消防水带	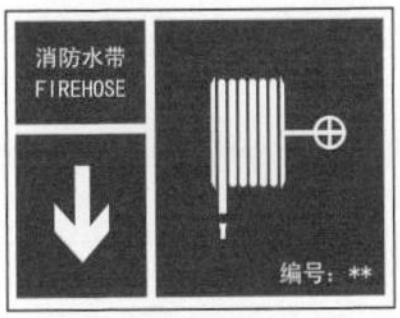	设置在消防水带箱的上方或通道上。 注　应统一编号,尺寸参照表 4-7-2 执行

4.7.4　消防栓标识

在设有地下消火栓、消防水泵接合器和不易被发现的地上消火栓等地方，应设置"地下消火栓""地上消火栓"和"消防水泵接合器"等标识。消防设施标识牌应用示例如图4-7-2所示。

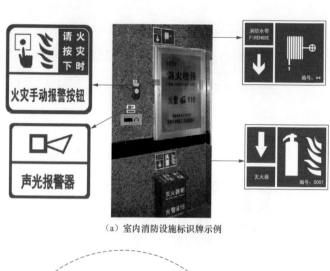

（a）室内消防设施标识牌示例

（b）户外消防设施标识牌示例

图4-7-2 消防设施标识牌应用示例

4.7.5 重点防火部位标识

（1）室内重点防火部位可粘贴于入室门左上角，尺寸根据门的大小确定，不影响整体美观性。重点防火部位标识牌应用示例如图 4-7-3 所示。

（2）室外重点防火部位应设置在设备（设施）上或其附近位置，不影响道路通行。

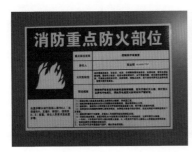

图 4-7-3 重点防火部位标识牌应用示例

4.7.6 应急标识

（1）各生产场所应有逃生路线的标识，楼梯主要通道门上方或左（右）侧装设紧急撤离的提示标识。"紧急出口"标识牌示例如图 4-7-4～图 4-7-6 所示。

（2）疏散通道中，"紧急出口"标识宜设置在通道两侧及拐弯处的墙面上，标识牌的上边缘距地面高度不应大于 1m。

（3）"紧急出口"标识的间隙不大于 20m，袋形走道（指只有一个安全疏散出口的走道，即走廊尽头没有出路，想出来原路返回，类似字母"U"）的尽头距离标识的距离不应大于 10m。

（4）疏散通道出口处，"紧急出口"标识应设置在门框边缘或门的上部，如图 4-7-5 A 或 B 的位置，标识牌的上边缘距天花板的距离不应小于 0.5m。位置 A 处的标识牌下边缘距地面的高度不应小于 2m。如天花板高度较小，"紧急出口"的标识也可以在图中 C、D 的位置设置，标识牌的中心点距地面高度应为 1.3～1.5m。

（5）紧急出口疏散通道中的单向门必须在门两侧设置"推""拉"标识。

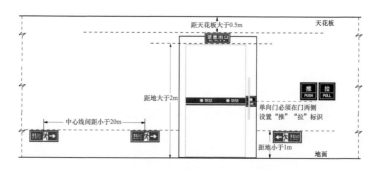

图 4-7-4　"紧急出口"标识牌示例（一）

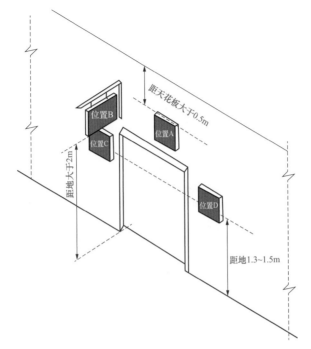

图 4-7-5 "紧急出口"标识牌示例（二）

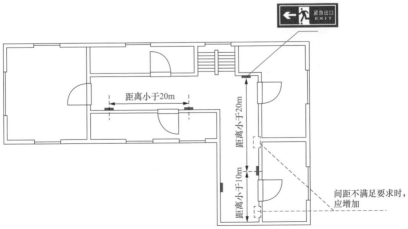

图 4-7-6 "紧急出口"标识牌示例（三）

4.7.7 其他消防安全标识

其他消防安全标识牌应用图例及设置范围和地点见表4-7-4。消防水池（砂箱池）标识牌制图标准如图4-7-7所示，标识牌的参数见表4-7-5。

表4-7-4 其他消防安全标识牌应用图例及设置范围和地点

标识名称	图形标识示例	设置范围和地点	备注
消防砂池（箱）	1号防火砂箱	设置于防火砂箱、池壁横向居中，纵向1/2高度位置，面向主巡视道	应统一编号
消防水池	1号消防水池	设置于消防水池附近醒目位置	应统一编号
防火墙	1号防火墙	盖板涂刷为红色，注明"×号防火墙"字样	应统一编号

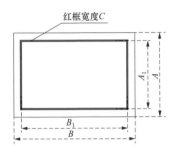

图 4‑7‑7 消防水池（砂箱池）标识牌制图标准

表 4‑7‑5 其他消防安全标识牌参数表

种类	参数（mm）				
	B	A	B_1	A_1	C
甲	320	220	288	168	10
乙	200	160	176	136	8

4.8 安全警示线

4.8.1 一般规定

（1）安全警示线用于界定和分割危险区域，包括禁止阻塞线、安全警戒线、防止踏空线、防止碰头线、防止绊跤线和生产通道边缘警戒线等。

（2）安全警示线一般采用黄色或黄色与黑色对比同时使用。

4.8.2 禁止阻塞线

（1）禁止阻塞线的作用是禁止在相应的设备前（上）停放物体。

（2）禁止阻塞线采用 45°黄色与黑色相间的等宽条纹，宽度宜为 50～150mm，长度不小于禁止阻塞物长度的 1.1 倍，宽度不小于禁止阻塞物宽度的 1.5 倍。禁止阻塞线标识应用图例及设置范围和地点见表 4-8-1。

表 4-8-1　禁止阻塞线标识应用图例及设置范围和地点

标识名称	图形标识示例	设置范围和地点
禁止阻塞线		标注在地下设施入口盖板上
		消防器材存放处等其他禁止阻塞的物体前

4.8.3 防撞线

玻璃门、隔断，应设置防撞线，宽度为 110mm。防撞线标识应用示例如图 4-8-1 所示。

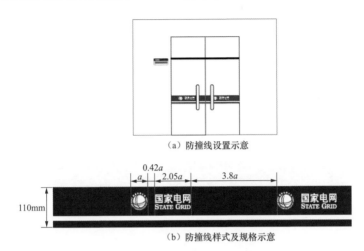

（a）防撞线设置示意

（b）防撞线样式及规格示意

图 4-8-1　防撞线标识应用示例

4.8.4　防止碰头线

提醒人员注意在人行通道上方的障碍物，防止发生意外。防止碰头线采用 45°黄色与黑色相间的等宽条纹，宽度宜为 50～150mm。"防止碰头线"标识应用图例及设置范围和地点见表 4-8-2。

表 4-8-2　防止碰头线标识应用图例及设置范围和地点

标识名称	图形标识示例	设置范围和地点
防止碰头线		人行通道高度小于 1.8m 的障碍物上

4.8.5 防止绊跤线

提醒人员注意地面上的障碍物，防止发生意外。防止绊跤线采用 45°黄色与黑色相间的等宽条纹，宽度宜为 50～150mm。防止绊跤线标识应用图例及设置范围和地点见表 4 - 8 - 3。

表 4 - 8 - 3　防止绊跤线标识应用图例及设置范围和地点

标识名称	图形标识示例	设置范围和地点
禁止绊跤线	 防小动物挡板 （高度：400mm） 防绊标识 （宽度：75mm）	人行横道地面上高差 300mm 以上的管线或其他障碍物上

4.8.6 防止踏空线

提醒人员注意通道上的高度落差，避免发生意外。防止踏空线采用黄色线，宽度宜为 100～150mm。防止踏空线标识应用图例及设置范围和地点见表4-8-4。

表4-8-4　防止踏空线标识应用图例及设置范围和地点

标识名称	图形标识示例	设置范围和地点
防止踏空线		标注在上下楼梯第一级台阶上或人行通道高差300mm以上的边缘处

4.8.7　安全警戒线

在旋转类设备、电源设备或易误碰导致危险的设备（设施）周围，设置安全警戒线。安全警戒线采用黄色，宽度宜为50～150mm。安全警戒线标识应用图例见表4-8-5。

表4-8-5　安全警戒线标识应用图例

标识名称	图形标识示例
安全警戒线	 注：C宜为50～150mm

4.9 管道标识

消防管道、供水系统等管道应设置相应标识，用以指示管道用途及物质流动方向。两标识之间间隔不小于4m。管道标识基本识别色图例见表4-9-1。环圈标识宽度不应小于20mm，在一个独立单元内环圈不宜少于2处。管道标识应用示例如图4-9-1所示。

表4-9-1 管道标识基本识别色图例

物质种类	基本识别色	色样及文字（图形）配色
水	艳绿	绿底白色黑体字
其他液体	纯黑	黑底白色黑体字
水蒸气	大红	红底白色黑体字
空气	淡灰	灰底黑色黑体字
酸/碱	浅紫	紫底白色黑体字
可燃气体	深棕	棕底白色黑体字

物质种类	基本识别色	色样及文字（图形）配色
氧气	淡蓝	蓝底白色黑体字
气体	中黄	黄底黑色黑体字

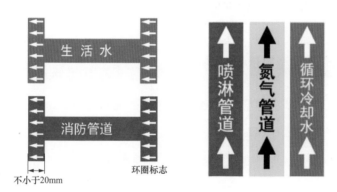

图 4-9-1　管道标识应用示例

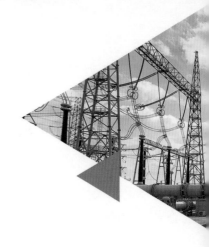

5 其他标识

5.1 变电站（换流站）入口标识

5.1.1 安全警示标识

变电站入口应设置减速线（或减速带），醒目位置设置"未经许可　不得入内""当心触电"标识牌，并应设立限速的标识。变电站入口安全标识牌应用示例如图 5-1-1 所示。

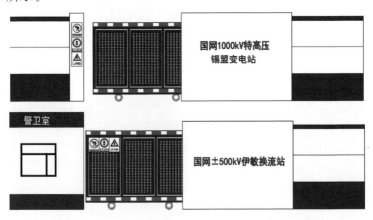

图 5-1-1　变电站入口安全标识牌应用示例

5.1.2 入口标线及指示

变电站入口标线、标识应用示例如图 5-1-2 所示。

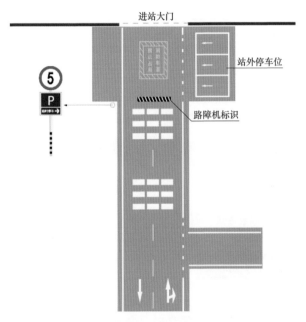

图 5-1-2 变电站入口标线、标识应用示例

5.2 建筑物指示标识

5.2.1 室外指示标识

（1）场区各建筑物，应在醒目位置设置建筑物（房间）标识（说明建筑主要用途与功能）。常用场所标识应用图例

85

及设置范围和地点见表5-2-1。

表5-2-1 常用场所标识应用图例及设置范围和地点

图形标识示例	设置范围和地点	备注
	楼宇室外标识	参考尺寸：600mm×400mm（宽度×高度）；建筑物名称使用黑体、国网绿色
	单层常规建筑室外标识	参考尺寸：270mm×150mm（宽度×高度）；建筑物名称使用黑体、国网绿色

（2）鉴于特高压换流站阀厅、主控楼等钢结构建筑较多且相对集中，不容易分辨的特点，宜在建筑物本体（或入室门上方）单独设置标识，面向主道路。相对集中的钢结构建筑物标识应用图例列表见表 5-2-2。

表 5-2-2　相对集中的钢结构建筑物标识应用图例列表

图形标识示例	备注
	采用不锈钢、烤漆、白色黑体字，安装于建筑物外墙； 字体高度根据实际参照物确定，全站应统一尺寸
	采用不锈钢、烤漆、白色黑体字，安装于建筑物外墙； 字体高度根据实际参照物确定，全站应统一尺寸
	采用不锈钢、烤漆、白色黑体字，安装于建筑物外墙； 字体高度根据实际参照物确定，全站应统一尺寸

5.2.2 室内指示标识

室内各房间应在醒目位置设置标识牌，说明房间主要用途与功能。室内场所标识应用图例列表见表 5-2-3。

表 5-2-3 室内场所标识应用图例列表

图形标识示例	设置范围和地点	备注
	室内各房间标识牌，建议安装于房间门的左上方	参考尺寸：270mm×150 mm（宽度×高度）；房间名称使用黑体、国网绿色；房间号使用黑体、白色

5.3 功能指引标识

5.3.1 室内指引标识

（1）室内指引牌反映的信息包括楼层、建筑物名称、

88

各房间名称及编号、平面布置图（紧急疏散指示图）。室内指引牌应用示例如图5-3-1所示。

（2）在电梯、步梯附近设置"楼层索引"标识牌，建议采用法纹拉丝材质。尺寸根据现场实际确定，宜采取墙面固定（电梯的左侧或电梯对面墙壁），如确无法安装于墙壁，可采取地面放置方式。

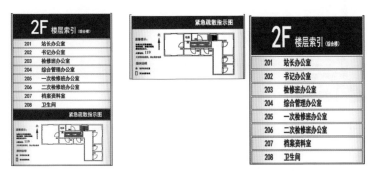

图5-3-1 室内指引牌应用示例

（3）根据现场实际情况，选择合适的安装地点及安装方式（壁挂或地面立式）。

（4）电梯附近设置"紧急疏散指示图"，步梯附近设置"楼层平面布置图"。

5.3.2 室外指引标识

（1）室外主道路（参观路线等）交叉路口处，应设置指引牌。停车场应设置指引牌。室外指引牌应用示例如图5-3-2和图5-3-3所示。

（2）室外指引牌建议采用不锈钢、烤漆工艺，安装于道路旁。建议主体颜色为白色、国网绿。字体为黑体。

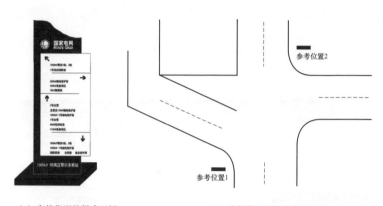

（a）室外指引牌样式示例　　　　（b）室外指引牌安装位置示例

图 5-3-2　室外指引牌应用示例（一）

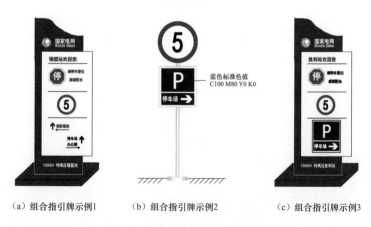

（a）组合指引牌示例1　　（b）组合指引牌示例2　　（c）组合指引牌示例3

图 5-3-3　室外指引牌应用示例（二）

5.4 场区标识

5.4.1 司旗标识

设置有旗杆的单位，可按表5‑4‑1司旗规格表的标准制作使用司旗。材质：富丽纺；工艺：丝网水印。司旗设置应用示例如图5‑4‑1所示。

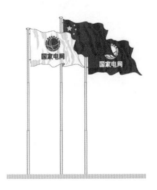

图5‑4‑1 司旗设置应用示例

表5‑4‑1 司旗规格表

种类	宽（mm）	高（mm）	备　　注
甲	2880	1920	适用于18m左右高度的旗杆
乙	2400	1600	适用于12m左右高度的旗杆
丙	1920	1280	适用于8m左右高度的旗杆

5.4.2 综合楼外部区域标识

综合楼（主控楼）前标线、标识应用示例如图5‑4‑2

所示。

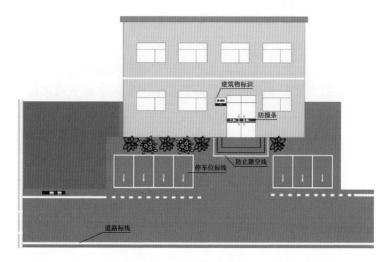

图5-4-2　综合楼（主控楼）前标线、标识应用示例

5.4.3　设备场区标识

（1）变电站（换流站）设备区与其他功能区应装设区域隔离遮栏。不同电压等级设备区宜装设区域隔离遮栏。生产场所安装的固定遮栏应牢固，工作人员出入口等应加锁。

（2）主路口（一个）设置"入场须知"标识牌。

（3）室外主道路（参观路线等）交叉路口处，应设置指引牌，按"功能指引标识"部分有关说明执行。

（4）场区道路应按规定设置道路标线，详见"交通安全标识"部分有关说明执行。

（5）设备区主干路入口标识应用示例如图 5 - 4 - 3 所示。

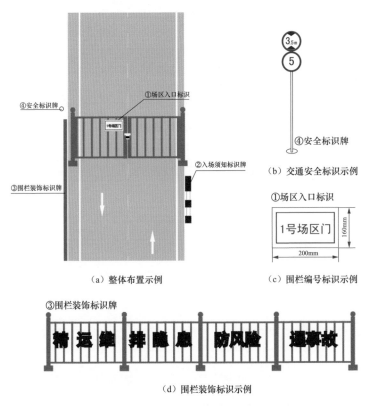

（a）整体布置示例

（b）交通安全标识示例

（c）围栏编号标识示例

（d）围栏装饰标识示例

图 5 - 4 - 3　设备区主干路入口标识应用示例

（6）换流站室外主干路旁较高的钢结构建筑外墙可适当设置宣传标语等，营造站内文化氛围。建筑物外墙标识应用示例如图 5 - 4 - 4 所示。

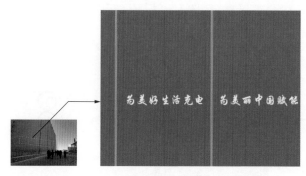

图 5-4-4 建筑物外墙标识应用示例

5.4.4 设备间标识

（1）设置"建筑物功能"标识牌，如 500kV 1 号继电保护室，样式及规格参照 5.2.1 说明，结合实际确定。标识牌安装于入室门的左侧墙壁，应满足"室外附着在建筑物上的标识牌，其中心点距地面的高度不应小于 1.3m"的要求。二次设备间入口标识牌应用示例如图 5-4-5 所示。

（2）结合实际设置"防止踏空线"。

（3）设置必要的安全警示与提示类标识，安装于入室门的里外两侧等高处，居中排布。

（4）设备间入口处设置防小动物挡板，高压配电室、低压配电室、电缆层室、蓄电池室、继电保护室等设备间其出入口处，应装设防小动物挡板，防小动物挡板宜采用不易生锈、变形的材料制作，其高度应不低于 400mm，其上部应设有 45°黑黄相间色斜条"防止绊跤线"标识。

（5）如入口设置有玻璃隔断门，应在其中部粘贴高度为110mm的防撞条。

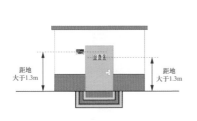

（a）入口外侧标识示例

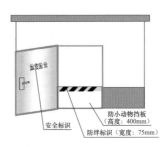

（b）入口内侧标识示例

（c）建筑物指示标识示例

（d）安全标识示例

图5-4-5 二次设备间入口标识牌应用示例

（6）其他设备间安全标识参照表5-4-2设备间相关安全标识参考应用执行。"随手关门"标识一般设置在门的内侧。

表5-4-2 设备间相关安全标识参考应用列表

序号	地点	安全警示与提示类标识			
1	继电保护及自动化室 控制室 就地配置保护的开关室 通信机房	禁止烟火	禁止使用无线通信	禁止用水灭火	随手关门

序号	地点	安全警示与提示类标识			
2	一次设备间（室）	禁止烟火	随手关门	必须戴安全帽	
3	GIS室 SF$_6$设备室	注意通风	禁止烟火	随手关门	必须戴安全帽
4	就地配置保护的GIS室	注意通风	禁止烟火	禁止使用无线通信	随手关门
5	电缆层	注意通风	禁止烟火	随手关门	
6	蓄电池室	注意通风	禁止烟火	随手关门	

（7）在设备间入口的内墙装设平面布置图，应包括设备位置指示、消防设置布置、安全出口指示等内容。根据

房屋举架高度（或根据附近参照物，如配电箱等）选择合适的规格尺寸、版式（横版/竖版），根据内容可装设多块展板。其他可参照本书相关内容执行。设备间平面示意图应用示例如图5-4-6所示。

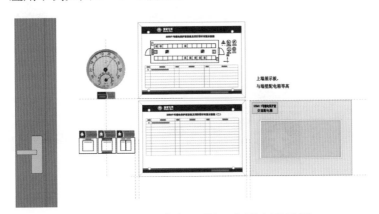

图5-4-6　设备间平面示意图应用示例

（8）设备间每个入口处装设温/湿度表，并设置有关标识牌。温/湿度表标识应用示例如图5-4-7所示。

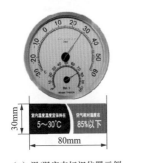

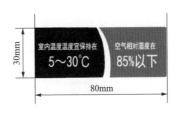

（a）温/湿度表标识位置示例　　　　（b）标识样式及规格示例

图5-4-7　温/湿度表标识应用示例

（9）室内开关、配电箱等应设置标识牌，设备间其他标识牌参考应用列表见表5‑4‑3。

表5‑4‑3　设备间其他标识牌参考应用列表

名称	图形标识示例	设置范围和地点	备注
提示牌	温馨提示：离开请关灯　30mm×80mm	照明开关上方	参考尺寸：80mm×30mm（宽度×高度，长度略小于开关宽度）；四角圆边
照明开关标识牌	离开请关灯　离开请关灯　离开请关灯	照明开关面板上方或下方、居中位置	尺寸大小根据开关面板确定，但应保持规格统一
配电箱	500kV1号继电保护室配电箱	非整体门，塑料壳	尺寸大小根据现场实际设备确定

名称	图形标识示例	设置范围和地点	备注
配电箱	500kV#1继电保护室 配电箱	整体门	参考尺寸：200mm×160mm(宽度×高度)

5.4.5 备品库标识

（1）入口处设置门牌标识及安全警示标识。备品备件库入口标识应用示例如图 5-4-8 所示。

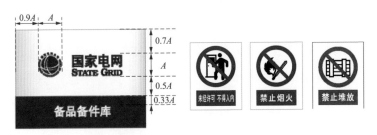

（a）指示标识样式及规格示例　　（b）安全标识示例

图 5-4-8 备品备件库入口标识应用示例

（2）在室内醒目位置设置管理制度标识。管理制度标识应用示例如图 5 - 4 - 9 所示。

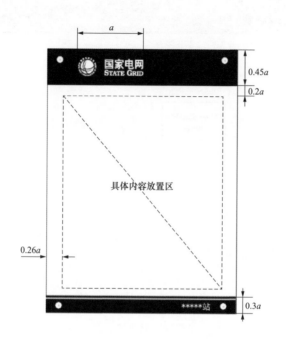

具体内容放置区

图 5 - 4 - 9　管理制度类标识应用示例

（3）货架应设置分区标识牌，尺寸根据货架大小确定，但同类货架的分区标识牌规格应一致，安装高度一致。分层布置应设置编号标识牌。标识牌的颜色采用黄色（深色货架）或国网绿（浅色货架）。分区设置区域指引牌，库房区域指引牌示例如图 5 - 4 - 10 所示。货架标识应用示例如图 5 - 4 - 11 所示。

图 5－4－10 库房区域指引牌示例

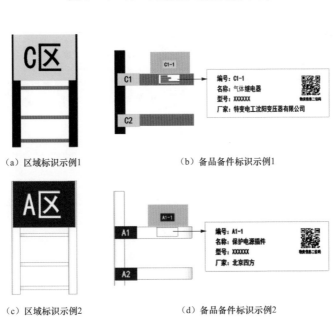

（a）区域标识示例1

（b）备品备件标识示例1

（c）区域标识示例2

（d）备品备件标识示例2

图 5－4－11 货架标识应用示例

5.5 办公区标识

5.5.1 人员工作牌

在岗人员应统一着装，并佩戴胸卡（工作牌）。胸卡应简洁大方，反映姓名、专业及岗位信息即可。人员胸卡标识应用示例如图5-5-1所示。材质：金属拉丝；颜色：国网绿、黑色；字体：黑体字；参考尺寸：70mm×20mm（宽度×高度）。

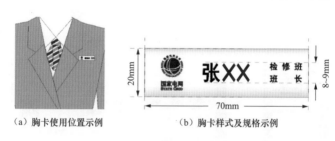

（a）胸卡使用位置示例　　　　　　　（b）胸卡样式及规格示例

图5-5-1　人员胸卡标识应用示例

5.5.2 室内展板

（1）变电站（换流站）在综合楼、主控楼门厅位置应设置简介专栏，简要介绍本站概况。

（2）走廊、办公室适度设置宣传展板，突出本单位"文化引领"作用，营造良好工作氛围；另适当设置安全生产宣传展板。总体数量不宜过多，主题鲜明。

（3）室内涉及的上墙图表、规章制度、操作流程、定置图、紧急疏散图等建议使用有机玻璃板/亚克力板（板四周倒角处理），广告钉安装；管理制度类标识应用示例如图 5-4-9 所示。展板内容：写真喷绘。竖版：高度与宽度比为 4∶3；横版：高度与宽度比为 3∶2。具体内容在"具体内容放置区"编辑，标题采用黑体，正文使用宋体；字号大小根据内容及展板大小确定。

（4）休息室、餐厅、卫生间等生活场所，宜设置较为温馨的图画标识或适合该场所的温馨提示，不宜使用"安全生产宣传标语"等。

5.5.3 电梯标识

（1）电梯外部标识应用示例如图 5-5-2 所示。

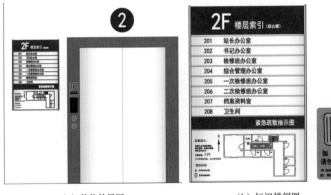

（a）整体效果图　　　　　　（b）标识样例图

图 5-5-2　电梯外部标识应用示例

（2）电梯内部应有相关部门颁发的特种设备使用标识，并设置电梯乘坐有关安全警示标识。电梯内部标识应用示例如图 5-5-3 所示。

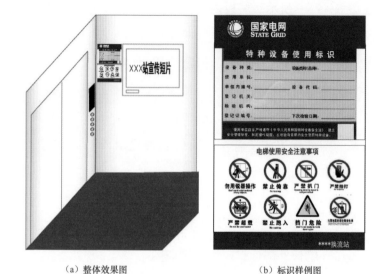

（a）整体效果图　　　　　（b）标识样例图

图 5-5-3　电梯内部标识应用示例

5.5.4　会议室标识

（1）会议室首排会议桌设置带有标识的挡板，背景为国网绿色，白色、黑体字；根据现场实际确定整体规格及国家电网标识的尺寸。电视电话会议室挡板应用示例如图 5-5-4 所示。

（2）会议桌牌尺寸：200mm×95mm。128g 铜版纸彩色打印，"姓名"为黑色方正小标宋简体。桌牌应用示例如图 5-5-5 所示。

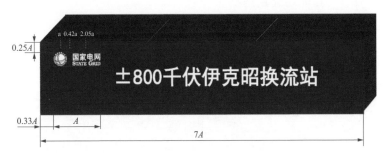

图 5-5-4 电视电话会议室挡板应用示例

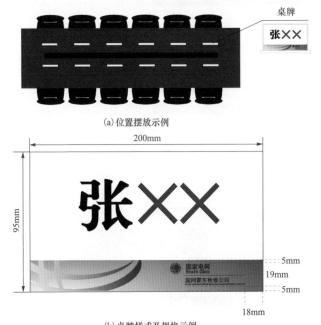

图 5-5-5 桌牌应用示例

5.5.5 其他功能用房标识

（1）室内常用标识应用图例列表见表5-5-1。

表5-5-1 室内常用标识应用图例列表

图形标识示例	设置范围和地点	备注
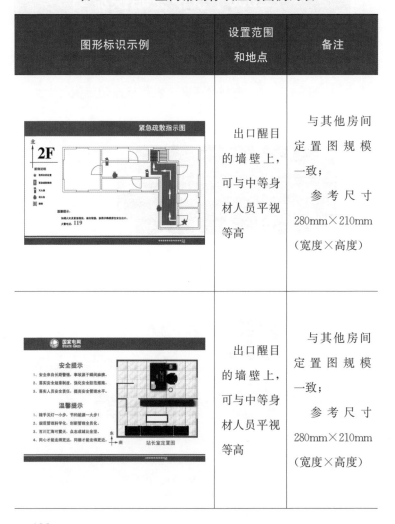	出口醒目的墙壁上，可与中等身材人员平视等高	与其他房间定置图规模一致；参考尺寸280mm×210mm（宽度×高度）
	出口醒目的墙壁上，可与中等身材人员平视等高	与其他房间定置图规模一致；参考尺寸280mm×210mm（宽度×高度）

图形标识示例	设置范围和地点	备注
	设置于开关面板上方	提示牌参考尺寸：80mm×30mm（宽度×高度，长度略小于开关宽度）；四角圆边； 开关标识牌规格、字号根据面板大小确定，字体为黑体字

（2）办公室常用标识。

1）入室门附近应设置门牌。

2）室内上墙图表包括定置图、紧急疏散示意图。

3）开关、配电箱等按上述相关说明执行。

（3）资料档案室标识应用示例如图5-5-6所示。

1）入室门附近应设置门牌；设置"未经许可　不得入内""禁止烟火"等标识牌。

2）室内上墙图表包括定置图、紧急疏散示意图、管理制度；设置"禁止烟火"标识牌。

3）室内配置温/湿度表，并粘贴标识。

（a）外部标识示例

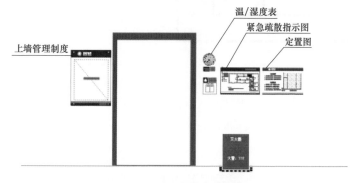

温/湿度表
紧急疏散指示图
定置图

上墙管理制度

（b）内部标识示例

图 5-5-6　资料档案室标识应用示例

4）室内外应配置灭火器。

5）合理布局，设置办公席位，供档案资料整理、检索、借阅等使用。

6）档案柜应编号，柜内分层布置亦应进行编号，并粘贴标识牌。标识牌底色为国网绿，编号为白色黑体字。档案柜标识应用示例如图 5-5-7 所示。

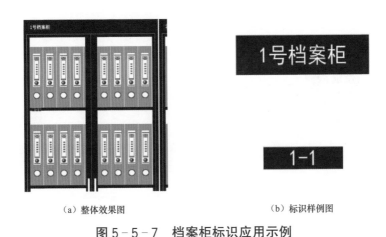

（a）整体效果图　　　　　　　　（b）标识样例图

图 5-5-7　档案柜标识应用示例

（4）卫生间常用标识应用图例及设置范围和地点见表 5-5-2。

表 5-5-2　卫生间常用标识应用图例及设置范围和地点

图形标识示例	设置范围和地点	备注
温馨提示：贴近文明 靠近方便	男厕小便池上方	主体颜色为白色和国网绿；字体为黑体；参考尺寸：240mm × 80mm（宽度×高度）；四角圆边

续表

图形标识示例	设置范围和地点	备注
	便池冲水器上方	主体颜色为白色和国网绿；字体为黑体； 　参考尺寸：240mm × 80mm（宽度×高度）；四角圆边； 　图形可根据现场实际进行绘制
	便池隔板门把手上方	主体颜色为白色和国网绿；字体为黑体； 　参考尺寸：100mm × 75mm（宽度×高度）；四角圆边
	有冷、热两种出水的洗手池、淋浴等龙头附近	主体颜色为白色和国网绿；字体为黑体； 　参考尺寸（直径）：35~50mm

图形标识示例	设置范围和地点	备注
	洗手池附近（如为两个水龙头，置于两水龙头居中位置）	主体颜色为白色和国网绿；字体为黑体； 参考尺寸：240mm×160mm（宽度×高度）；四角圆边
	设置于男（女）卫生间入口附近（或门上）	主体颜色为白色和国网绿；字体为黑体； 参考尺寸250mm×200mm（宽度×高度）；四角圆边